變變變！
揚州炒飯

牟艾莉 / 著

天空塔工作室　李卓晨 / 繪

中華教育

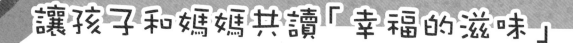

讓孩子和媽媽共讀「幸福的滋味」

「開飯囉！」每天清晨，這句話就像一個溫馨的鬧鐘一樣，讓我和家人迅速聚集到餐桌前。我想這也是很多家庭清晨的一幕吧。其實，在我成為母親之前，我並沒有真正關心過食物。那時的我忙着教學工作和科研事務，是一個不折不扣的「效率派」、「實幹家」。別說烹飪了，我甚至常常忙到連早飯都顧不上吃。

一切的改變發生在我懷孕之時。從那一刻開始，飲食突然成為我生活中每天要關心的事情。我再也不能飢一頓飽一頓，再也不能隨意用垃圾食品填充肚子，我開始認真對待每一餐飲食。也就是從那一刻起，我不得不「慢」了下來，我像發現一個神奇新世界一樣，看見了曾被我忽略的中國美食中那麼多有趣有料的地方。

我寫了六種食物：春餅、柿餅、八寶粥、月餅、糍粑和揚州炒飯。為甚麼會選擇這六種食物呢？

首先，當然因為它們好吃呀！這六種食物囊括了甜鹹酥糯等豐富的口味，你是不是在唸出這些食物名字的時候，就已經快要流口水了？

其次，這些食物來自東西南北，中國的地大物博真的可以濃縮在一道道菜餚之中，舌尖上的中國是精微又宏大的。

　　最後，也是最重要的，我想借由這些食物去給孩子們講述那些瑰麗的幻想，動情的故事和人生的哲理。《天上掉下鍋八寶粥》教孩子合作互信，《幸福的柿餅》讓孩子學會耐心等待，《月餅少俠》讓孩子變得勇敢，學會堅持，《小偷春餅店》讓孩子懂得勤勞踏實的重要，《打糍粑的大將軍》教孩子如何激發自己的潛能，《變變變！揚州炒飯》讓孩子知道每個人都是不同的。我們要知道，孩子們或許年齡太小，還不能成為廚房裏的廚師，可是他們想像力巨大，他們是天生的故事世界裏的「廚師」呀。媽媽廚師烹飪好吃的食物給孩子，而孩子廚師「烹飪」好聽的故事給媽媽，這是多麼驚喜又浪漫的事呀。

　　如果您的孩子是一個「小吃貨」，那麼請鼓勵他對美食的熱愛，讓他不僅愛吃，也愛編織美食的故事吧。

　　如果您的孩子是一個「挑食的小傢伙」，那麼用這套繪本去消除他對食物的偏心吧。

　　如果您的孩子是一個愛吃美食又愛編故事的小傢伙，那麼，他一定是一個充滿幸福感的孩子。

　　我希望這套關於中國味道的小書能夠讓孩子和媽媽品嚐到幸福的滋味。小小的美食和小小的繪本，裏頭有大大的世界呢，趕快打開它們吧！

作者 牟艾莉

戲劇文學博士、四川美術學院副教授

熙熙攘攘的揚州城有一家著名的小飯館。
別看飯館小，卻聲名遠播。

飯館大廚的拿手絕活就是做蛋炒飯。

這位大廚的蛋炒飯，顆粒分明，炒碎的雞蛋點綴在米飯粒間，吃起來油潤鮮香。凡是吃過的人無不嘖嘖稱奇。由於雞蛋被炒得像碎金子一般，大家都把大廚的蛋炒飯叫作「碎金飯」。

雖然蛋炒飯在揚州城已名聲大噪，不過大廚並不就此滿足。從早上到晚上，從晚上到早上，大廚依舊每日苦練廚藝，他的夢想是做出天下第一的蛋炒飯！

誰知，突然有一天，戰亂來臨，揚州城的祥和被兵荒馬亂打破。
再也沒有人來大廚的小飯館吃飯了，大家都忙着逃難，大廚也被裹挾在人羣中，流離失所。

一日，大廚看見殘垣斷壁
上貼着一紙告示。上面寫着：
皇上的軍隊招募廚師。

　　大廚想：「太好了，終於又
可以做飯了。」便毫不猶豫地
揭下了告示。

大廚要負責一整個軍營的飲食。
　　飢餓、疲憊的士兵們只有在捧着碗大口大口吃飯的時候，
才能獲得片刻的安寧與和平。

一日，一位士兵來到大廚跟前。
他受了傷，拄着拐杖，對大廚說：「您
能為我做一碗蛋炒飯嗎？」

大廚很用心地為他做了這碗蛋炒飯：

① 首先準備好雞蛋：蛋黃 4 個，蛋白 1 個。

④ 下米飯快速翻炒開，
炒兩分鐘左右，把米
飯炒得顆粒分明。

2 然後往鍋裏倒入油。

3 把蛋黃和蛋白攪拌打細，將蛋液細水長流般慢慢地倒入油鍋裏，一邊倒一邊用鏟子快速攪動打碎。

5 最後撒上葱花，加一點點鹽或醬油，將炒好的飯盛出。

醬油

17

　　大廚把蛋炒飯端給士兵，士兵一聲不響地吃完
了。他把空空的碗遞給大廚，說道：「您做的蛋炒
飯很好吃，可還是比不上我媽媽做的蛋炒飯。」

一個又一個安靜的夜裏，大廚躺在牀上，望着窗外的星空，腦海裏一遍又一遍響起那個士兵的話——「您的蛋炒飯很好吃，可還是比不上我媽媽做的蛋炒飯。」

大廚心想：「他的媽媽是怎樣一位了不起的廚師呢？竟然能做出比我做的還要好吃的蛋炒飯。」

一年又一年過去了，戰亂終於平息。大廚離開了軍隊，前去尋找
「天下第一大廚」──那位士兵的媽媽。是的，在他心裏，如果有誰比他
還會做蛋炒飯，那一定非「天下第一大廚」莫屬了。

23

終於，在一個晴朗的夜晚，在飄升着裊裊炊煙的河岸邊，大廚找到了那位士兵的媽媽。

「您可以為我做一碗蛋炒飯嗎？」
大廚問老婦人。

老婦人為大廚做了一碗蛋炒飯，
大廚仔細地一口一口吃下去。「奇
怪，這碗蛋炒飯的味道很一般啊！根
本沒有我做的蛋炒飯好吃嘛！」

　　大廚便問老婦人：「為甚麼您兒子說，您做的蛋炒飯比我這個大廚做的還要好吃呢？」

　　老婦人回答：「啊，我的大兒子喜歡吃蝦，每次做蛋炒飯，我就會在裏面加上蝦仁；我的二兒子喜歡吃蔬菜，我便會在蛋炒飯裏加上青豆、紅蘿蔔粒。」

　　聽完老婦人的話，大廚彷彿一下子領悟了甚麼。他謝過老婦人，起身告辭了。

從老婦人家裏出來，大廚走在熙熙攘攘的街市上，看着來來往往的人，他終於明白了為何老婦人的蛋炒飯比他做得更好。

天下之大，人海茫茫，千人千面，每個人都有不同的喜好。最好的大廚不是炫耀自己的烹飪技能，而是應該了解每位客人的需求，為每位客人做出最適合他口味的蛋炒飯！

29

揚州

30

炒飯館

大廚的飯館重新開張啦！

　　他的拿手絕活依然是做蛋炒飯。不過如今的蛋炒飯已不是當年的蛋炒飯啦！大廚進行了創造性的改良。在他的蛋炒飯裏，你可以添加蝦仁、火腿、紅蘿蔔、青豆、粟米等多種食材，也可以甚麼都不加，其中的變化全依據每位客人各自的口味。

　　他終於做出了天下第一的蛋炒飯。

　　大家把這種「既可千變亦可不變」的蛋炒飯叫作「揚州炒飯」。

揚州炒飯的傳說

揚州炒飯是江蘇揚州的傳統名菜，屬於淮揚菜系，主要食材一般有米飯、火腿、雞蛋、蝦仁等，很多人也稱它為揚州蛋炒飯。

相傳，揚州炒飯在隋朝就已經出現了。距今1400年前，隋煬帝的尚食直長（也就是廚師長）謝諷，在他的《食經》中也有過相關記載。

隋朝的越國公楊素是個名副其實的美食家。在當時，楊素的廚師經常為他做碎金飯。最初的碎金飯裏只有秈米飯、雞蛋和葱三種食材。

後來，隋煬帝楊廣非常喜愛這種碎金飯，在南巡路上一路「帶貨」，將碎金飯的做法傳至大江南北，它的做法也發生了變化。人們根據不同的喜好，加入蝦仁，或者豌豆、火腿粒等食材。

　　其實，揚州炒飯除了碎金飯，還有一種做法，名叫「金包銀」。這兩種做法的不同之處主要在於米飯下鍋的順序。「金包銀」是米飯先下鍋，炒散後，再倒入蛋液，包住每粒米。而碎金飯則是先將雞蛋炒碎，再加入米飯。

責任編輯　余雲嬌
裝幀設計　龐雅美
排　　版　龐雅美
印　　務　劉漢舉

這就是中國味道系列 1

變變變！揚州炒飯

牟艾莉 / 著

天空塔工作室　李卓晨 / 繪

出版 | 中華教育

香港北角英皇道 499 號北角工業大廈 1 樓 B 室

電話：（852）2137 2338　　傳真：（852）2713 8202

電子郵件：info@chunghwabook.com.hk

網址：https://www.chunghwabook.com.hk

發行 | 香港聯合書刊物流有限公司

香港新界荃灣德士古道 220-248 號荃灣工業中心 16 樓

電話：（852）2150 2100　　傳真：（852）2407 3062

電子郵件：info@suplogistics.com.hk

印刷 | 高科技印刷集團有限公司

香港葵涌和宜合道 109 號長榮工業大廈 6 樓

版次 | 2022 年 7 月第 1 版第 1 次印刷

©2022 中華教育

規格 | 16 開（210mm x 255mm）

ISBN | 978-988-8807-92-5